倾情推荐

　　亲爱的小读者，这是个千变万化的世界，也是个万变不离其宗的世界。千姿百态的物质构成了这个世界，原子则是构成物质的基础。小小的原子核中，蕴藏了巨大的能量。

　　核技术应用实验室里藏着许多研究和利用原子核的力量的神奇工具和技术。在这间实验室里，科学家们认真地操作着各种精密的仪器和设备。他们探索出了核技术在农业、环保、材料科学等领域的应用，让我们的生活变得更加美好。

　　在本书中，你将了解有哪些常见的核素，有哪些核技术已经悄悄走进了我们的生活，在核技术应用实验室中的科学家们又是如何工作的。

　　希望本书能成为一把钥匙，为你打开科学之门，激发你对核动力的兴趣。也希望在不久的将来，你可以为核动力的发展而奋斗！

CNS
中国核学会
Chinese Nuclear Society

中国核动力研究设计院（简称核动力院） 隶属于中核集团，是我国集核动力技术研究、设计、试验、运行、退役全周期和小批量生产为一体的大型核动力科研基地，是国家战略高科技研究设计院。自 1965 年建院至今，核动力院已经形成包括核动力技术研发设计、核燃料和材料研究、反应堆运行和应用研究、核动力设备集成、核技术应用研究和同位素生产等完整的科研生产体系，是我国唯一成体系的综合性核动力研发机构。其科研实力雄厚，实验设施先进，在我国国防、先进能源开发工业体系和高新技术中，发挥着不可替代的作用。在近 60 年的发展历程中，核动力院坚持"自主创新，勇攀高峰"，先后设计建造了我国第一代核潜艇陆上模式堆、第一座高通量工程试验堆、第一座脉冲反应堆、岷江堆等多座核设施。通过三次创业，核动力院先后建成了三代国家核动力研发平台，持续提升我国核动力技术水平，为我国国防建设、国民经济、科技创新做出了重大贡献，被誉为"中国核动力工程的摇篮"。

黎　为　中国核动力研究设计院高级工程师。先后从事核动力科研及项目管理工作，长期致力于核能知识的传播与科普。曾出版《小小核讲师》、主持编著《核应急百问》等科普读物，开发青少年核能科普教程，参与多个核能科普课题研究。

陈思敏　自由插画师，喜欢将速写和绘本当作讲故事的窗口，向他人展示她的世界和幻想。

图书在版编目（CIP）数据

原子核 72 变 / 黎为著；陈思敏绘. -- 北京：北京科学技术出版社，2024. -- ISBN 978-7-5714-4206-4

Ⅰ . O571-49

中国国家版本馆 CIP 数据核字第 20241JS498 号

策划编辑：吴筱曦		电　话：0086-10-66135495（总编室）
责任编辑：金可砺		0086-10-66113227（发行部）
封面设计：沈学成		网　址：www.bkydw.cn
图文制作：天露霖文化		印　刷：北京盛通印刷股份有限公司
责任印制：李　茗		开　本：889 mm×1194 mm　1/16
出 版 人：曾庆宇		字　数：31 千字
出版发行：北京科学技术出版社		印　张：2.5
社　址：北京西直门南大街 16 号		版　次：2024 年 11 月第 1 版
邮政编码：100035		印　次：2024 年 11 月第 1 次印刷
ISBN 978-7-5714-4206-4		

定　价：58.00 元

中国核动力研究设计院
Nuclear Power Institute of China
中核集团
CNNC

原子核72变

黎 为◎著　陈思敏◎绘

北京科学技术出版社
100层童书馆

如何知道古生物多少"岁"了？

一天，电视里播报了一则新闻：
考古学家发现了大量动物骨骼化石，
他们通过碳-14年代测定法，
知道了这些动物生存的年代。
其实，碳-14不仅天然地少量存在于自然界，
还可以按需生产。
那么，碳-14是怎么生产出来的呢？
这和一间神奇的实验室有关。

碳-14年代测定法

植物通过光合作用吸收空气中的碳-14，动物通过捕食摄入碳-14，当动植物死亡后，由于不再吸收或摄入碳-14，因此碳-14在遗骸内的总量不会再增加。经过漫长的岁月，碳-14自然衰变。当古生物遗骸出土时，考古学家通过检测碳-14的残留量，就能知道该生物的死亡年代和历史信息。这就是碳-14年代测定法。

什么是核素

在讲核素之前，
我们需要了解什么是原子和元素。

卡尔斯鲁厄国际化学会议

1860 年，化学家们在德国卡尔斯鲁厄召开了国际会议，大会制定了世界统一的化学元素符号。元素以其拉丁名称的首字母来表示。当一些元素的拉丁名称首字母相同时，则再加名称中的一个小写字母用于区分。

如：氢元素的拉丁名称是 Hydrogenium，那么氢的元素符号就是 H；而氦元素的拉丁名称是 Helium，因为首字母"H"和氢元素的重复，所以氦的元素符号需要加上名称中的第二个字母，即 He。

1	1.0079
H	
Hydrogenium	

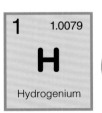   

$_{1}^{1}H$ 　　$_{1}^{2}H$ 或 D 　　$_{1}^{3}H$ 或 T

氕（piē）　　氘（dāo）　　氚（chuān）

氢的三种核素

氕是自然界中含量最多的氢原子，它的原子核内只有一个质子，没有中子。氘是原子核内有一个中子的氢原子，氚是原子核内有两个中子的氢原子。

氕、氘、氚就是氢的三种核素，它们互为同位素。

原子

原子是构成物质的基本单位，它由原子核以及核外电子构成。原子核又由质子和中子构成。

元素

元素是具有相同质子数的一类原子的总称。常见的元素有氮、氢、氧等。

核素

核素是具有相同质子数和中子数的一类原子的总称。一种元素可能有很多核素，例如，氕、氘、氚都是氢的核素。

同位素

质子数相同而中子数不同的核素互为同位素。同位素就像一个元素家族的兄弟姐妹，虽然属于同种元素，但脾气性格可能不同。

庞大的碳家族

前面新闻中提到的碳-14，
就是碳元素的一种核素。

碳元素在自然界中形成的化合物种类非常多，
它广泛地存在于大气、地壳和生物体中。

碳原子结构

+6 ₂ ₄

碳	质子	中子	电子
碳-12	6	6	6
碳-13	6	7	6
碳-14	6	8	6

碳元素＝质子数为6的原子总称

半衰期

已知的碳元素的同位素多达15种，其中，碳-12和碳-13属于稳定同位素，其余的同位素均具有放射性。半衰期指放射性衰变过程中，放射性核素的原子核数目减少到原来的一半所需的时间。碳-14的半衰期约为5 730年。

要怎么制造碳-14 呢?

你知道吗?
用于入堆辐照制备碳-14 的原料（靶料）
并不含有碳元素。
实际上，靶料的主要成分是氮化铝！
它是如何转变为碳-14 的呢?

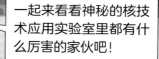

一起来看看神秘的核技术应用实验室里都有什么厉害的家伙吧！

14

原来，当靶料——氮化铝被送到实验室后，
研究人员需要将这块灰白色的物体焊接封装，
随后才能将它运往核反应堆，
而真正的"魔术"将在核反应堆上演。

制造碳-14的实验流程

$$^{14}_{7}N + ^{1}_{0}n \longrightarrow ^{14}_{6}C + ^{1}_{1}H$$

①让氮元素变成碳元素

被封装在辐照靶管内的氮化铝被送进核反应堆，稳稳地安放在堆芯周围的通道孔内，神奇的事情发生了，1 个氮-14 原子被 1 个中子撞击，变成了 1 个碳-14 原子和 1 个氢原子。

事实上，氮-14 和碳-14 的相互转变在自然环境下也会发生，但是速度非常慢，核反应堆释放的中子大大加快了这个过程。

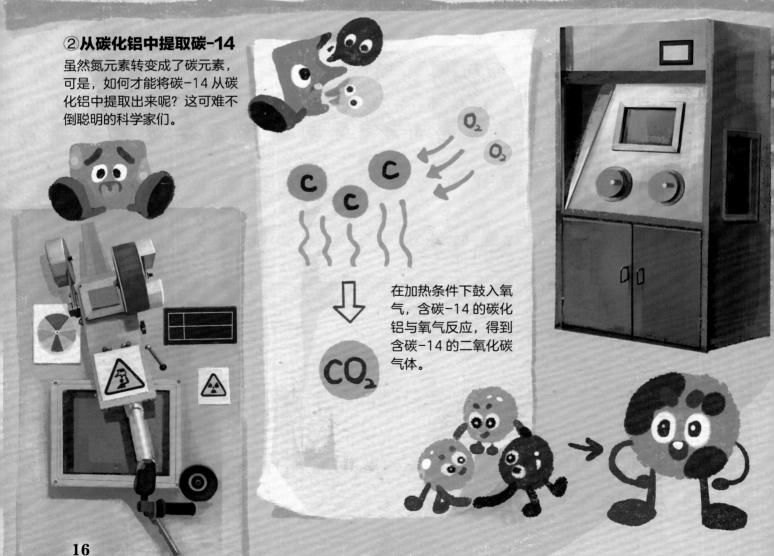

②从碳化铝中提取碳-14

虽然氮元素转变成了碳元素，可是，如何才能将碳-14 从碳化铝中提取出来呢？这可难不倒聪明的科学家们。

在加热条件下鼓入氧气，含碳-14 的碳化铝与氧气反应，得到含碳-14 的二氧化碳气体。

③将碳-14制成固体化合物使其易于保存

到这一步，实验只成功了一半。虽然二氧化碳容易收集，但是气体分子间距太大，占用的容器空间也大，很难大规模储存和运输。而且，空气中的碳-12远多于碳-14，含碳-12的二氧化碳分子很容易挤进已经提纯的含碳-14的二氧化碳气体中。所以，还要再想办法，让碳-14变得更易保存。

化学转化，变成固体。

所以，我们计划通过化学反应，把含碳-14的二氧化碳气体转化为固体化合物，这样就方便保存和运输了，还能避免碳-12来捣乱！

$$CO_2 + Ba(OH)_2 \rightarrow BaCO_3 + H_2O$$

研究人员使用氢氧化钡和含碳-14的二氧化碳反应，这样就能得到一批固定了碳-14的碳酸钡了。

需要通过手套箱操作反应。

碳酸钡：难溶于水的白色粉末。

碳-14 的新旅程

这瓶白色粉末——含碳-14的碳酸钡会被装进西林瓶，
之后需要分别在样品活度分析测试间和样品杂质测量间接受检验。

检验合格的含碳-14的碳酸钡粉末被送进样品发货间，
之后运往化学实验室、制药厂……
等待它的将是一段新的旅程。

含碳-14 的原料在制药厂被制成尿素〔$CO(NH_2)_2$〕。

19

钴的 72 变

除了碳-14，
还有一种常驻实验室的放射性核素，
已被广泛应用在了医学、工业、农业等领域，
它的应用改变了我们的生活，
它就是当之无愧的明星同位素——钴-60。

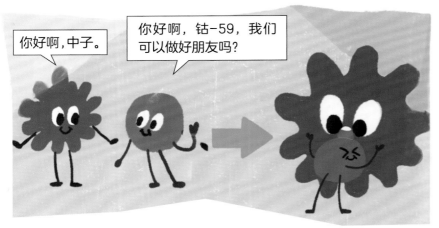

来看看科学家们是怎么制备钴-60的吧!

①研究人员把天然金属钴-59制作成靶件，放入研究堆中。

②在研究堆中，钴-59吸收中子，转变成了钴-60。

钴-59 ⟶ 钴-60

$$^{59}_{27}\text{Co} + ^{1}_{0}\text{n} \longrightarrow ^{60}_{27}\text{Co}$$

③当靶件中较多的钴-59和中子充分结合成钴-60后，含钴-60的靶件会被运出研究堆。

④出堆以后，研究人员在热室中通过手套箱将钴-60从靶管中取出，制作成放射源，封装在铅罐里。

21

厉害了，钴-60

钴-60 能够释放 γ 射线。
γ 射线具有很高的能量，
能穿透很多物质。
所以，钴-60 被广泛应用
在了灭菌和检测领域。

因为钴-60 的放射性很强，
所以对它的管理非常严格。
它的制备、运输、储存、使用，
都要受到严格监管。

钴-60

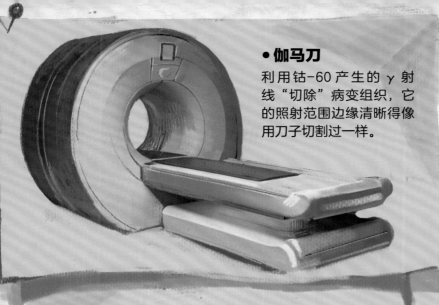

● 伽马刀

利用钴-60产生的 γ 射线"切除"病变组织，它的照射范围边缘清晰得像用刀子切割过一样。

● 工业探伤

γ 射线能穿透金属工件，检查其中是否有缺陷。

● 安检仪

γ 射线具有穿透性，比 X 射线的显像能力更强。平时我们见到的地铁安检仪利用的是 X 射线，而 γ 射线则用于集装箱等大型设备的安全检查。

● 农业

γ 射线能杀灭种子中的微生物，还能防止粮食在储存过程中发芽。

● 食物防腐

γ 射线的能量很强，能够杀灭细菌、真菌等微生物，用于食物防腐，可以避免防腐剂的滥用。

23

什么是射线

射线的英文单词是"ray"，
源自拉丁语，意为"光束"。
早期的物理学家通过对物质的观察与实验，
发现在可见光之外，
还存在着人眼无法看到的具有能量的粒子流和光子束，
于是他们扩展了"ray"的含义。

事实上，宇宙中的放射性射线无处不在，我们每时每刻都暴露在天然放射性射线中。

射线是如何产生的?

俗话说："能坐着绝不站着，能躺着绝不坐着。"相比于站着，人在坐着时能量消耗更少，因此状态也更稳定。同理，人在躺着时能量消耗最小，原子的微观世界有着相似的情况，能量越高的原子越不稳定，它会自发地向稳定的状态转化，即从高能态转化为低能态，在这个过程中就会释放射线。

射线的穿透力

α 射线、β 射线、X 射线、γ 射线以及中子射线，都是常见的放射性射线。

由于不同的放射性射线穿透本领不同，对应的屏蔽材料也不相同。α 射线无法穿透一张纸，有机玻璃和铝箔能将 β 射线挡住，铅板和厚铁板能阻挡 X 射线、γ 射线，穿透力最强的中子射线能被水和混凝土拦下。

→ α 射线
→ β 射线
→ X 射线、γ 射线
→ 中子射线

难道射线对人体只有危害吗？

其实不然，

科学家们通过多年实验研究，

发现一些人工同位素产生的放射性射线

能帮助人们治疗疾病。

而且，放射性疗法对人体健康组织的伤害较小。

这就是核技术发展方向之一——核医疗。

当心电离辐射

电离辐射

电离辐射指的是 X 射线、γ 射线等能量较高的射线，它们对人体有害，因此要做好屏蔽防护。当我们看到放射性标识的时候，一定要做好自我防护。

核技术并不是"危险"的代名词

如今的核技术应用实验室

经过科技工作者们多年的潜心钻研，实验室获得了数以百计的发明专利，一些人工核素不再单纯依赖国外进口，解决了我国核技术应用被"卡脖子"的难题。

如今的核技术应用实验室还在不断壮大，已经成为国内首屈一指的同位素原料研发基地和生产基地。未来，这里还将建成专业的医用同位素研究堆，以及医用同位素生产线。

核技术领域的科学家和工程师们经过不懈努力，
发掘出了核素和射线的巨大潜能。
经核反应堆辐照后产生的放射性核素被提取出来后，
又被运往全国各处。
它们在各自的舞台上施展本领，
为人们创造更美好的生活而发光发热。

新的挑战

这天，实验室接到了一个电话——
一些病人非常需要碘-131 这种放射性核素来治疗甲状腺疾病，
而一直以来，我国的碘-131 溶液大都依赖进口。
为了保障碘-131 溶液的供应，
实验室最近已提出攻克制备和提取碘-131 的技术难关。

新的挑战又一次到来，相信这一次，核技术应用实验室的科学家们也能取得成功！

原子之谜

迄今为止，
科学界最令人着迷的研究主要集中在两个方向：
对宏观宇宙的探索，对微观世界的剖析。

一切物质，
都由原子甚至更微小的单元构成，
原子的数量之多如同宇宙繁星，
还有多少我们未知的原子的秘密？
人类对于微观世界的研究将永不停歇……

后记：欢迎来到核能时代！

回望历史长河，1964 年那声响彻寰宇的巨响——中国第一颗原子弹的成功爆炸，开启了我国核能研究与应用的崭新篇章，它不仅是中国科技史上的一座里程碑，更是中华民族自强不息、勇于攀登科技高峰的精神的象征。

而今，当我们站在新时代的门槛上，核能已不仅仅是国防力量的重要支撑，更成为了推动社会发展的关键力量。因此，我们精心策划了这套核动力科普图书"前方核能：中国核动力科学绘本"，旨在以生动有趣的方式，向孩子们普及核能知识，激发他们对科学的兴趣与探索欲。

在本系列中，我们精心设计了三个分册：《核电厂 24 小时》、《核潜艇 40 夜》与《原子核 72 变》，分别向孩子们介绍了核电厂中核能是如何转化为电能的；核潜艇是如何在深邃的海洋中默默守护国家的；核技术应用实验室中，科研人员是怎么利用核技术造福人类的。在创作过程中，我们力求做到科学严谨与生动有趣并重，用简单易懂的语言将复杂的核科学知识转化为孩子们能够理解的故事。希望通过这套书，能够激发孩子们对核能乃至整个科学领域的浓厚兴趣，

让他们在未来的日子里，无论是成为科学家、工程师，或是其他行业的佼佼者，都能怀揣对科学的热爱，不断前行。

科普教育不仅仅是知识的传授，更是科学精神的培育。在核技术领域，无数先辈以非凡的智慧和坚韧不拔的意志，铸就了国家安全的基石，创造了那些看似遥远却与我们生活息息相关的成就。因此，除了科普核能知识外，本系列图书还希望能让孩子们明白：每一个伟大的成就背后，都凝聚着无数人的心血与汗水，人类要有对科学的敬畏之心、对未知的好奇之心以及对未来的探索之心。

每一个核工业人都秉承一句话："干惊天动地事，做隐姓埋名人。"中国核动力研究设计院从"九〇九基地"出发，建设出了中国第一代核潜艇陆上模式堆、秦山二期核电站、以"华龙一号"为代表的三代先进核电技术、以"玲龙一号"为代表的小堆技术……中国核动力一步步走到了今天，又一步步走向未来。

最后，我们想对每一位翻开这套书的小朋友说：欢迎来到核能时代！愿你们能够像那些为核能事业默默奉献的先辈们一样，坚守梦想，勇于探索，用智慧和汗水书写属于自己的未来。

谨以此书庆祝中国第一颗原子弹成功爆炸 60 周年，让我们一同回顾历史，展望未来。

中国核动力研究设计院
Nuclear Power Institute of China
中核集团 CNNC